Deco Room with Plants *here and there*

Deco
Room
with
Plants
*here and there*

# Deco Room with Plants *here and there*

# Deco Room with Plants

*here and there*

# Deco Room with Plants

## here and there

## 美式個性風×綠植栽空間設計

### 人氣園藝師的生活綠藝城市紀行

川本　諭

Satoshi Kawamoto

BNN新社◎授權

## *Preface*

前言

本書書名中的「here and there」，
含有「四處」、「隨處」的意思。

正如這次的書名，我以東京、紐約、台北為起點，
飛往世界各國時親眼見到、感受到的事物，
一一化為創作靈感，
如今將這些蘊藏心中的嶄新發想集結成冊。

或許有些人會覺得本書的氛圍和前兩冊不太一樣。

不過，人的興趣志向以及城市的風景，
原本就會隨著時間的流逝而改變。
如同這般，我的作品也會日漸變化。

若能藉由閱讀本書，為您帶來些許感性上的啟發，
我將備感欣喜榮幸。

*Satoshi Kawamoto*

BROADFIELD
BROOK ROAD

Contents

CONTENTS III

# WORKS OF GREEN FINGERS

GREEN FINGERS的工作



COLUMN II



CONTENTS IV

# THE SHOPS in JAPAN & NEW YORK

關於日本＆紐約的分店



INTERVIEW



CONTENTS V



※本書刊登的店家資訊為製作時的資料，如有變動，敬請見諒。

*Contents 1*

# HOUSE STYLING

## 川本邸的居家布置

親自負責許多海外委託與作品製作的川本 諭，如今回國時迎接他的家也產生了變化。從系列作第一冊《人氣園藝師打造の綠意＆野趣交織の創意生活空間》中出現過的平房，搬至二層樓的獨棟住宅。在這個時期搬家，正好成為展現當下風格的絕佳機會。以紐約的生活為開端，經由各式各樣的邂逅與工作孕育而成的感性，如今反映在裝飾風格上，展現出更加洗練的世界觀，想必會令人再次為之傾心。

# ENTRANCE

玄關可說是一個家的顏面。將開門時出現在正前方的整面牆都加以裝飾。主要選擇能夠映襯灰色牆面的白色小物，例如法國巴黎「Astier de Villatte／阿斯提耶．德．維拉特」的瓷盤和古董鑰匙、時鐘面板等，集結了許多以前陸陸續續蒐集的小配件。自行車是專為GREEN FINGERS需求而量身打造，來自美國西海岸的品牌「Linus Bikes／萊納斯自行車」。不僅外型時尚，騎乘的舒適度和機能性都能滿足個人要求。一輛合心合意的自行車是時尚生活風格的必需品。

如果在玄關入口放置太過粗獷的植物，可能會因為植株較大，導致進出時的困難。不妨選擇仙人掌、空氣鳳梨等葉片少、外型簡單的種類，隨意添置在玄關，讓植物與周圍的布置合而為一，反而會有更好的效果。結合色調統一的裝飾小物，賦予洗練的印象。

地板鋪著法國製的古董磁磚，看起來宛如一片完整的板子。磁磚之間的多餘縫隙，則是以小石子填滿。想在牆壁加上裝飾品時，只要使用大頭針之類最簡單的釘子，就能完整保留家飾物品的氛圍。

# LIVING & DINING

這棟屋子的客廳十分明亮，因此無需在意日照，無論放置什麼植物都可以，這點十分令人開心。像這樣客廳、餐廳空間比較大的房子，如果選用植株較大的粗獷型樹木類植栽，就會成為全景視野裡的亮點。以比較低矮的植栽布置時，建議使用花台、凳子、不用的椅子等展現立體感。如此將植物隨意分散在整個空間時，就能自然而然打造出層次感。

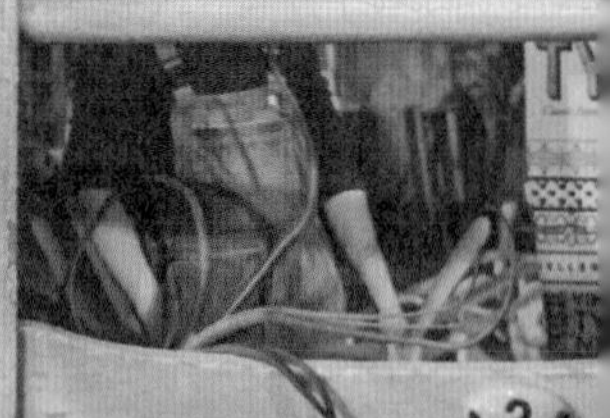

掛在牆上的物體藝術風裝飾，是將廢棄的床舖彈簧再利用，加上卡片和空氣鳳梨改造而成的。NYC的三角旗和GREEN FINGERS限定製作的聯名設計旗裝飾在一起。帽子之類的物品也可以掛在牆上當作裝飾。白色書架上隨意擺放著喜歡的書和空氣鳳梨，表現出輕鬆隨興感正是布置重點。

開關蓋板是以前在PACIFIC FURNITURE SERVICE購買的。在一些細節上花點工夫，會更有動力打造出符合個人理想的風格。只有燈罩和愛迪生燈泡就很好看，不過再加上空氣鳳梨，作成綠藝燈具也很不錯。

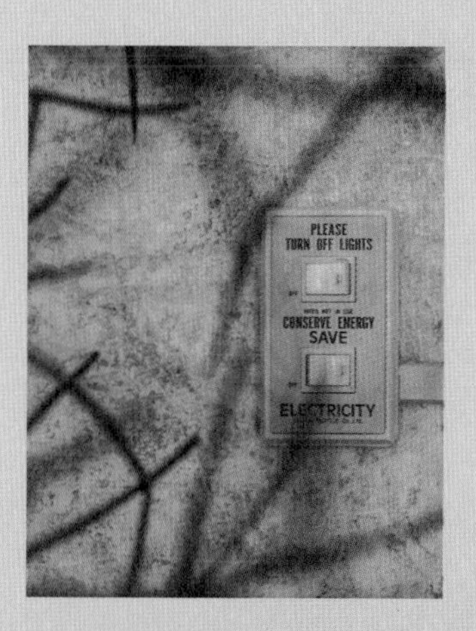

放在長桌旁的植栽，是以現有的工具包來代替盆套。雖然直接放在桌上也不錯，不過放在花台上更能有效利用空間，還能擴大整體氛圍。玻璃花器中的植物是由人造花和真綠苔組合而成。搭配真正的植物，能夠將玻璃花器內的世界表現得更有深度。玻璃花器的優點，就是無論從哪個角度都能夠欣賞植物的姿態。只要轉動花器，便能看見植物的不同面貌。

盤子和菸灰缸是出國旅行時買回來的。將生活中或旅行時收集而來的小物，搭配植物裝飾，是川本自我流的風格。面對庭院的窗框上，擺放著一列友人設計的燭台、古董書本等以白色為基調的小物，既襯托了灰褐色的牆面，也漂亮地運用了狹小的空間。代替窗簾的織品，是來自法國的軍用布料，有效活用其粗糙結實的質地。

經過仿舊加工的牆面，是住宅裡川本最喜歡的重點裝潢之一。由鐵桶加工而成的櫃子，訂作於印尼。此處集結放置了各式各樣的鍾愛物品，像是在法國購買的人體模型海報、納瓦霍的小型毛毯等，匯聚了各個國家的回憶。

若是家中沒有太多的空間，推薦使用櫃子作為展現風格的陳設之處。無論是一見鍾情而購入的納瓦霍人偶沙畫、日本藝術家特別繪製的愛犬索隆插畫和可愛的瓶子等，將空氣鳳梨或其他植物視同裝飾品，以同樣的心情來布置。藉由放入滿滿植物和喜歡物品的櫃子，即可輕鬆展現世界觀。

隨性擺放的小物們，每一件都有它們自己的故事。具有高度限制的櫃子，若是搭配葉片或蔓莖朝下垂落的植物，側影會看起來更漂亮。

奇特的兔子標本，仿自傳說中的生物——鹿角兔（Jackelope）。集結了許多心愛物品的櫃子，無論是布置或欣賞都令人開心，即使只有一個櫃子也無妨，希望大家能試試看。在考慮植物數量的同時，也要留意牆壁顏色與燈光是否適合心中想要的設計。

## BAY WINDOW

享受陽光灑落的大型窗台，左側擺放了許多抱枕，營造出代替沙發，可以坐在窗邊輕鬆休息的空間。放滿植物的右側宛如一幅作品，這裡穿插擺放著鐵絲籃，以及各種花器等，隨意自由布置。由於燈具外形比較可愛，因此刻意將植物擺得比較雜亂，以張弛有度的層次感顯現男子風格。日照充足的窗邊，是一處可以隨個人喜好將心愛植物任意擺放的奢侈空間。

GROW
damn IT
patagonia
39
WALTER
PFEIFFER

# KITCHEN

廚房，拼貼磁磚的設計，是川本非常喜歡的地方。貼上幾張喜歡的食譜，也成了布置的一部分。餐具櫃的門片，寫滿了印象深刻留存心中的話語，或是鼓勵自己隨心發展的詞句，與飲食相關的關鍵字句等。以輕鬆隨興的筆觸，描畫出獨具一格的手寫字體。目前正在構想，日後要將廚房改造成以海軍藍和黑色為基調。現在則是以潔淨的白色磁磚為主。

基本款的布窗簾實在太過無趣，於是在窗簾軌道裝上掛勾，吊起幾盆植物作成垂簾風格。正好與窗外的庭園相映成趣。只要調整盆栽的懸掛高度，或加上鍊子稍微增添變化，就能展現層次感。試著將花器放入繩編的籃子，氣氛也會隨之變化。

活用牆面，以掛滿的古董畫框為主題，打造成藝術之牆。小巧的燈具是以前在喜愛的燈具店購入的意外之喜。由於想營造植物科學風，因此在植物圖鑑中加入蕨類。選用深綠色的觀葉植物與白色牆面彼此襯托。若是以白牆搭配帶有斑紋的觀葉類，則是予人可愛的感覺，請依喜好來調整即可。

擺放著水瓶、天然石、LALIQUE水晶的玻璃魚等，能夠欣賞光線透亮之美的空間。在小巧的水瓶中插入枝葉，就完成了簡單的花藝。多擺幾瓶，就能營造華麗感。將數枝修剪下來的過長枝葉插瓶，或是蒐集兩至三個同樣的水瓶擺在一起，也可以一瓶瓶分別放在家中的不同角落，運用方式很多元又簡單，請試試看吧！

design
AMS.
made
is
built with love
reams.
BEEF or CHICKEN?
Look deep
NATU
and then
understand
better. The
MOST
democ
that a
and designers
I'M NOT A HIF

Who loves
me will love
my dog.

will
erything
xin is the
ic tool
artists
are.
ER...

For my part I know
NOTHING
with any certa
but the sigh
of the stars
makes me dre

I DON'T MISS YOU

You are the butter tow
Bread, and the breath
to my
L.I.F.E

HUNGRY

YOU have to create somethi
from nothi

WHERE CHEFS EAT
A Guide from the Real Experts

WHERE CHEFS EAT

# TOILET

牆壁漆成深綠色的洗手間。狹小的獨立空間，即使玩點特別的色彩也不會破壞整體的居家氣氛。囿於空間限制，只能裝設小窗戶的地方很多，於是便選用蕨類等日照量少也能生長的植物。燈具上方等面積狹小之處，物盡其用的陳列了攝影集和空氣鳳梨。若直接放著捲筒衛生紙會有損氛圍，因此直立堆疊在木箱中加以修飾。

為了讓空間的牆面看起來清爽俐落，於是將相框整齊的垂直排列。中央的鏡框，也是第一個自己動手仿舊加工，充滿回憶的作品。與其在洗手間擺放大型的植物，不如隨意地擺一株空氣鳳梨等小型植株，更能引人注目。

## BATH ROOM

喜愛溼氣的蕨類植物，放在浴室裡便顯得生氣蓬勃。為了不讓淺黃色的磁磚牆面顯得太過可愛，因此以大型的空氣鳳梨和藍花楹，展露些許野性風格。光線充足的窗邊，因為通風又有濕度，可以擺放幾盆植物。

這間以淺黃色磁磚構成空間色調的浴室，以黑色系的沐浴用品來統整會比較理想。將毛巾收納在置於復古木櫥上方的鐵絲籃中，開放式的布置也很討人喜歡。

## SHOES ROOM

和先前的住處一樣，在二樓打造了一處專放鞋子的空間。原本用來存放蔬菜水果的厚實木箱堆疊起來，就成了鞋櫃。木箱中放入小型的多肉植物，便能營造溫暖的感覺。在圓形燈泡貼上「SHOES」貼紙的靈感，來自於外國餐廳常見的燈具。簡簡單單就能製作出氣氛絕佳的DIY作品。

木箱中不只放入鞋子，也一併貼上了喜歡的照片和傳單，或是畫些塗鴉、裝飾幾個相框，看起來就像是一箱箱的小小藝廊。在空隙處重點式的穿插幾盆多肉植物，不但整體看起來漂亮，單一箱子呈現時，也是如畫般美麗的空間。

# BED ROOM

臥室主牆是偏灰的紫色壁紙，窗簾以帳篷布吊掛在窗簾軌道上代替，微妙的透光程度很有氣氛。整體形象來自於紐約的飯店房間。床頭兩側的相對位置擺著兩盞檯燈，作出左右對稱的感覺。窗台部分的布置，則是將袋子當作盆套使用。改成放入花瓶，再插上鮮花也很不錯。或是直接在袋子中隨意放入幾枝乾燥花，看起來也會很帥氣。

FREE
MAN
The
BEST
IN NYC
G.F.M.
5 RIVINGTON ST.

# YARD

從零開始打造庭院時，不妨將整體想像成一個調色盤，以此形象來設計會比較容易發揮。種滿外形各不相同的植物庭院很有趣，先選好主要的大型象徵樹，再挑選小棵植物的也大有人在。哪種植物適合在哪種環境生長，基本上是看各個植物的特性，不過還是要實際種植看看才會知道。向園藝店請教建議問題，表達自己的需求意見，也是打造庭院的一小步。植物是會日漸生長的，所以沒有完成型態，庭院則是植物生長所累積的成果。

木桌和長椅周圍的地面空間，以樹皮墊材鋪滿。將古董門板和木材像牆壁一樣均勻排列在周圍，就完成一座兼顧個人隱私的庭院了。因為是沒有高度限制的露天庭院，即使種些高大的植物也沒問題。擺上幾張黃色、藍色的鐵椅，增添一點色彩，便成了特色亮點。由於很難以植物來增添色彩豐富性，利用家具來調整是最恰當的。

彩旗是GREEN FINGERS和「8yo」聯名合作的商品。裝飾彩旗後，只要清風一吹便會輕輕飄揚，為庭院增添不同的風情。寫有數字的紅色小物是在LA的跳蚤市場購入，可愛得相當引人注目。花盆則是直接使用原本的盆器，作為木桌上的映襯色。

8

# HOUSE ARRANGE

## 居家植栽布置

本篇將介紹運用於窗台和床邊等空間的布置技巧。不論植物的形色或種類、小物的挑選等，只要抓住各種風格的創造重點，便能拓展空間布置的幅度。風格改造可以先從部分技巧開始實際運用，再試著打造自己喜歡的居家裝潢。特別是狹小的閒置空間，應用效果尤其加分。

## HOUSE ARRANGE
# BAY WINDOW 1

橫直不拘隨意堆放的木箱，為整體氛圍增添動態感。選擇鹿角蕨或長壽花等強韌有力的植物懸吊在窗簾軌道上，展現男子風格。藉由貼滿串珠的動物骨骸，或納瓦霍的織品等民族風的裝飾品，營造適度的野性。不單只以植物布置，而是加上小物帶出趣味感，更能增添獨特氛圍。

HOUSE ARRANGE
# BAY WINDOW 2

將外文書立在花盆前，利用書籍封面作出宛如盆套的效果，植物選用會開花的種類，增添色彩及風貌。配合花朵，其他植物也挑選了葉片帶斑紋的品種。放在窗邊的植物，葉片紋理在光線的透射之下更加明顯。為了避免過於繽紛的形象，因此以深色系的植物來中和整體色調。此外，只要將木箱倒過來放，就能簡單改變氣氛。

使用包包或復古風袋子之類當作盆套的裝飾技巧，本書已介紹多次。或許有不少人會認為盆缽＝陶器或塑膠容器，其實只要以袋物包裹，一個步驟就能打造特色空間，這個相當簡單的點子，請一定要應用看看。

HOUSE ARRANGE
# BED SIDE 1

床罩和床邊小物都選用藍色系的單品，展現男性品味。床頭櫃的Z字母擺飾、手繪文字的包包，加上窗邊植栽的盆套也使用了文字Logo的袋子，自然地打造出整體風格的統一感。衣帽架上掛著喜歡的帽子，作為布置的亮點。清楚展露出來的衣帽腳架，正好呈現出層次感。

## HOUSE ARRANGE
# BED SIDE 2

將工作大衣或格子長版大衣掛在衣帽架上，增添豐厚感。為了配合床罩的花樣款式，於是選擇了粉紅帶斑紋的觀葉植物來搭配整體色調。以色彩和花樣表現玩心的布置風格想要添加裝飾小物時，選擇簡單的造型就能增添親切感，而且不會造成衝突。這次是改將時鐘、花盆、相框等白色、金色的小物，放入櫃子中擺飾。

## HOUSE ARRANGE
# BED SIDE 3

將作為主樹的大型觀葉植物放在床邊。沿著天花板伸展的枝葉有著強烈的存在感，因此，放在櫃子中的小物最好選擇造型簡約、風格洗練的物品。輪廓分明的的鐵線燈罩與植物相互襯托，完成張弛有度的層次。若房間仍有空餘的角落，不妨試著活用改造吧！

## HOUSE ARRANGE
# BED SIDE 4

整體規畫同BED SIDE 3，只是改換主視覺的大型植栽，整個印象就會截然不同。留白的牆面以空氣鳳梨和帽子裝飾，將空間填滿。由於帶有圖案的物品很多，植物選擇葉子纖細不搶眼的品種比較適合。房間的形象會因為物品的色調而全然改變，植物也要隨之選擇協調的色彩和外形。

COLUMN 1

# PROCESS OF DECORATION

## 川本 諭的新居打造記錄

從平房搬遷至獨棟兩層樓建築的住家。為了將這棟與系列作第一冊屋齡及樣式完全不同的新居，打造成自己和愛犬都能舒適生活的空間，從牆面顏色、照明燈具、織品、家具甚至裝飾小物，都是從零開始挑選喜歡的款式來布置。當時川本 論挑選了哪些部分作為重點布置呢？請參見以下訪談吧！

**從平房生活到新家**

以前是住在老舊的平房，現在則是搬到獨棟的兩層樓透天房屋，外觀來看是完全相反的房子。看房當時，就對貼滿磁磚的西式廚房和浴室一見鍾情。還有就是，對我來說一定要有庭院這點，是必要條件，即使小一點也無所謂。能夠和愛犬索隆一起住的空間是很重要的。這裡有很多窗戶，舒服照射進來的陽光讓我非常滿意。不過住進雙層樓房後，卻覺得爬樓梯是件麻煩的事。下次想選擇沒有樓梯的房子……（笑）。撰寫《人氣園藝師打造の綠意&野趣交織の創意生活空間》時的住處，和更之前居住的房子都是平房，所以不太習慣樓梯。事實上，偶爾也會有不上二樓，直接睡在客廳的日子。

**從零開始改裝新居**

一開始，決定先從壁紙的顏色開始著手。潔淨感的白色壁紙雖然很漂亮，但日式房屋的風格太強烈，全白也會顯得很無趣。因為想親自挑選壁紙，於是便抽空前往壁紙店。到了壁紙店才發現，竟然有多達4000種的壁紙可以選，雖然很難作決定，但是也挑得很開心呢！我也去展示廳看了各種壁紙。還可以拿樣品回家，真是令人高興。各個房間使用的顏色，不是因為想要打造什麼風格才挑選出來，而是原本的客廳是某色或某色，抱著「想用用看這種顏色」的想法，每次先挑選約兩種顏色，再一一定案。例如臥室想打造成能夠放鬆安眠的空間，那就選擇紫色系來試試看？不過該從中選擇哪種顏色，還是要先帶回樣品，實際搭配看看才能決定。藉由改變牆壁的色彩，房間的風格也會產生偌大的變化。我想，只換一面牆應該也很有趣。使用無痕壁紙，甚至用大頭針固定一塊布在牆上，都是我很推薦也很簡單的方式。因為這次我很想挑戰壁紙，就不以油漆為主了。在國外時，可以自由塗刷牆壁是件理所當然的事，但在日本就比較困難。日本有很多白色牆面居多的房子，依情況而定可能會看起來過於單調，這時使用壁紙就是個很

走進白色門扉與灰色地板的玄關（左），穿過走廊後，右手邊就是有著大型窗台的客‧餐廳（中），左手邊則是寬闊的廚房（右）。這間乍看之下很普通的房子，透過川本 論的巧手，將玄關改成灰色牆面，鋪上古典磁磚；客餐廳的牆面則是右牆貼上仿舊加工的花紋壁紙、正面為橄欖綠、窗台牆面為褐色壁紙。進入廚房的走道牆面則掛滿相框，讓移動中的視線產生新鮮感。

好的作法。

**挑選家飾和小物的重點**

現在這間房子的裝潢重點，在於時尚與古典的平衡。將兩者以適當的比例布置，是最大的課題。看起來時尚的牆壁色調和小物的配置方式，都經過深思熟慮。此外，規畫觀賞植栽時，先準備幾樣如木箱或凳子等，可以帶出立體感的物品會更好。若是一口氣完成所有布置，準備工作和心力上的負擔都會很大，慢慢建構想法，從必備的東西開始準備才是最重要的。選擇家飾時，請將壁紙等牆面配色當作必備物品之一來考量。例如我在紐約的房子，首先我想放一組海軍藍的沙發，因此便以沙發為基準來思考，然後覺得，芥末黃的牆面一定很適合這組沙發！相反的，如果想要薰衣草紫的牆壁，就可以從該配什麼色的沙發、或哪張桌子比哪張適合的方式來思考。接著再挑選適合搭配該空間的植物，藉由一步步思考相關的物品，創意的層次也會拓展開來。光是毫無目的的空想，是什麼都決定不了的，先從某一樣物品開始著手吧！我在進行居家布置時，一直都是這樣思考的。

**今後的裝修計畫**

目前很滿足於現狀，因此增添家具、小物，或改變配置之類的，或許會隨著心情或季節變遷再考慮。舉例來說，想將窗台的窗框改成木框、變換插座蓋板，蒐集更多精緻的裝潢配件，展現房子的層次感。有時間的話，接下來倒是想要改造這些地方呢！

作為本書封面拍攝地點——鋪滿奶油色磁磚的浴室，也是整棟住宅中川本 諭最喜歡的地點之一。原本和牆壁相同磁磚的地面，鋪上了從法國購入的古典磁磚，增添色彩。窗邊放了一排植物，十分可愛。

從客．餐廳看向廚房，即可看見庭院（左）。2樓是臥室（中），以及川本 諭不可或缺的Shoes Room（右）。原本殺風景的灰撲撲庭院，大刀闊斧地以舊木材和古董門板圍成一方小天地。小巧的空間也可以藉由改造，產生偌大的改變。臥室以壁紙改換色調，窗台使用帳篷布作為窗簾，為光影帶來變化；Shoes Room則使用木箱當作櫃子，營造出完全不同的另一番印象。

民生東路五段
69巷2弄
10 二樓
民生東路五段
69巷2弄
松山區
10 三樓
RILLA PLANT
in ASIA
A PLANT
in ASIA
民

22-11

東路五段
巷4
ng E Rd. Sec.5
69 Alley 4

.A PLANT
ASIA

GUERR

LA PLA
ASIA
上張貼廣告
LLA PLANTS
in ASIA

GUERRILLA PLANTS
in ASIA
A PLANTS
SIA

361
36.1
車庫門前
請勿停車
GUERRILLA PLANTS
in ASIA
in ASIA
36

*Contents 2*

# GREEN FINGERS INSTALLATION in TAIWAN & JAPAN

## GREEN FINGERS的裝飾藝術

藉由川本 諭的植栽誕生而成的裝飾藝術風潮，不止在設有活動據點的東京和紐約，甚至在國內外各地都引起廣大迴響。這次走訪了位於台灣台北市的下北沢世代、FUJIN SWELL、61NOTE三家店，以及日本富山縣的FOREMOST。汲取各店家和品牌的概念或氛圍，拓展更多的可能性，接下來請一同欣賞川本氏的表現力。

## 下北沢世代 *Shimokitazawa Generations*

位於台北市龍山寺站附近的「下北沢世代」，是集藝廊、販售書籍雜誌、少量發行、獨立出版刊物、ZINE等的複合式概念書店。店主Monique曾受邀至誠品書店的展示廳舉辦展覽，有著備受肯定的感性品味。何不走訪一趟，看看台灣創作家推薦的藝術風精品。

台北市中正區和平西路二段141號2樓之2
僅於五六日營業　13：00-19：00
（02）2314 5650
Facebook：shimokitazawa.books

和煦陽光照耀的舒適空間，時光的流逝彷彿也變得緩慢。掛在窗邊的方格網架放有明信片、信紙和喜愛的ZINE。植物很適合搭配書本、明信片，可以自然地增添在裝飾布置之中。

簡約而洗練，能夠邂逅新發現的「下北沢世代」。店內有許多日本藝術家的作品，也經常展出由ZINE等作品中衍生的新思維。店名中的下北沢，正是因為喜歡日本的下北沢而命名的。

搭配黑白攝影集的，是有著深綠色、充滿男性氣息的植物。只要調降放置在旁的書籍色調，就能打造出時尚的空間。此處用來擺放植物的容器可以選擇木箱、珐瑯瓷盤等，都很適合。陳列時作出高低差，可以營造動態感。

在素燒的陶製花器手繪文字，增添色彩。運用電燈泡、大象等擺飾小物搭配植物，展現此書架想要訴說的世界觀，完成令人不禁想靠近一探究竟、帶有玩心的設計。在上層放置往下垂落枝葉的植物，表現柔和舒緩的自然感。

## 富錦風浪 *Fujin Swell*

位於台北富錦街的男性服飾複合品牌概念店。從時尚衣飾到生活風格用品，店內蒐羅許多高品味的單品，可以說是台灣「時下」流行的發源地。在行道樹茂盛宛如綠色隧道的主要道路，沿街設立的店面迎著涼爽的清風，透過大片落地窗令店內洋溢著溫暖的陽光。

台北市松山區富錦街479號1樓
12：00-20：30
（02）2765 6250
https://www.instagram.com/fujinswell/

無論是由外往內還是由內往外，都能欣賞植栽綠意的裝潢。從不同的角度觀看，就能欣賞各種不同的變化。彷彿要虜獲行人們的目光般，竭盡所能地網羅了多種類別的植物，打造成一幅充滿立體感的作品。

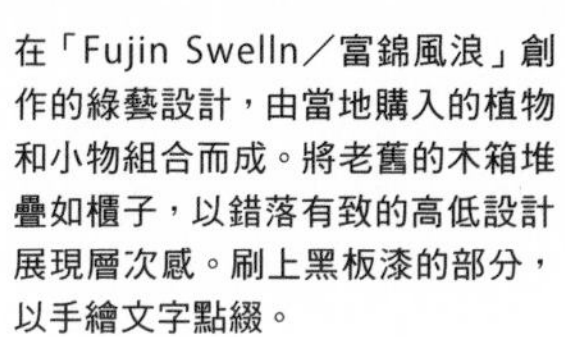

在「Fujin Swelln／富錦風浪」創作的綠藝設計，由當地購入的植物和小物組合而成。將老舊的木箱堆疊如櫃子，以錯落有致的高低設計展現層次感。刷上黑板漆的部分，以手繪文字點綴。

使用古董縫紉機的踏板部分，將土壤直接鋪在木箱蓋子或琺瑯瓷盤上，不止漂亮地整合風格，還加入些許頹廢元素。由於是男性時尚概念店，因此不走可愛形象路線，而是以男子氣概的野性氛圍為本次主題。

## 61NOTE

臨近台北市中山捷運站的「61NOTE」，是一間蒐羅店主東先生嚴選商品的精品雜貨店。商品均為東先生實際使用且喜愛的物品，不止使用起來舒適，也能品味物品具有的歷史等更深層的一面。店內除了雜貨區，亦設有咖啡廳和展示間。不斷延伸的空間，緊緊抓住了高度感性的顧客之心。

台北市大同區南京西路64巷10弄6號
12：00-21：00　週一公休
（02）2550 5950
http://www.61note.com.tw

利用樓梯來裝飾布置，很容易就能表現出立體感，是打造空間時特別有趣的位置。植物不單只有擺放，還運用懸吊等方式陳列。將TEMBEA帆布包如盆套般懸掛，REDECKER的除泥刷則當作飾品裝飾。

往下延伸的樓梯，上方的狹窄平台擺滿了小小的盆栽。往上生長的植物和向下垂落的植物交互擺放，呈現不過於嚴謹的隨興形象。

REDECKER
Copper sponge
Made in Germany

展現REDECKER刷具的帥氣風格，邊拍攝邊加入觀葉植物和空氣鳳梨所完成的作品。各種顏色並列在一起的TEMBEA包十分可愛，在包包之間穿插不同種類的觀葉植物，更加強調繽紛色彩。

## FOREMOST TOYAMA

位於富山縣富山市中央大道的古著店FOREMOST。除了美國二手衣之外，也有全新的庫存品牛仔服飾，以及複合品牌商品。來訪顧客一致譽為名店的原因，在於不止服飾有著肌膚能直接感受到的高級觸感，老闆還擁有豐富的知識和人人都認同的品味。商品品項也很豐富，令人絕對會成為這間店的俘虜。

富山縣富山市中央大道1-3-13
10：30-19：00　週三公休
076-492-8634　http://foremost.jp/

以秋冬向圖樣為主題的裝飾藝術。櫥窗內展示著由植物和手繪圖畫組合而成的生活態度。植物和復古風格十分相搭，小物也可以透過搭配老舊卡車或木箱，演繹更濃郁的氛圍。

與「FOREMOST」老闆根本先生商談聯名合作的T恤事宜。收銀櫃台的天花板部分插滿了乾燥花，作出豐厚沉穩的設計。

以前裝飾店面時手繪的黑板畫。這次前往打造裝飾藝術的展示櫥窗時，部分深受根本先生喜愛的物品，便直接將它們當作店內的裝飾之一。

將新鮮花卉和乾燥花像植物標本一樣貼在整片白牆上，看起來就像是一幅畫。地面空餘之處以黑色皮靴鋪滿，展現狂野形象。

放在店內展示的GREEN FINGERS樣品圍裙和包包。使用越久越有風味的布料質感，以及日常百搭的簡約設計，連川本諭本人也相當愛用。

Japan
A

an old
ASK FOR
CROWN
SHRUNK
OVERALLS
A New Pair Free if they Shrink

**『Deco Room with Plants in NEW YORK』 Release Party in FREEMANS SPORTING CLUB – TOKYO**

為紀念系列作第二冊《紐約森呼吸．愛上綠意圍繞の創意空間》出版，於是在FREEMANS SPORTING CLUB – TOKYO地下一樓的RESTAURANT BAR舉辦出版派對時的會場照。沿鹿頭標本的脖子周圍插入植物，作成花環一般的設計。窗戶上方的牆面，則是將葉子如藝術品般一片片貼上點綴，讓原本寂寥的空間顯得豐富。會場內展示著在紐約拍攝而未公開的照片，營造出紐約氣息更加濃厚的空間。

○FREEMANS SPORTING CLUB東京
東京都澀谷區神宮前5-46-4　Iida Annex表參道

*Contents 3*

# WORKS OF GREEN FINGERS

## GREEN FINGERS的工作

本單元以前作《紐約森呼吸．愛上綠意圍繞の創意空間》出版派對為首，介紹舉辦於丸之內大廈的各項展覽、店面設計施工、品牌聯名合作等川本 諭親自經手的工作。結合來自各界的需求與自己的品味，漂亮地呈現出訴求觀點，他敏銳的美感和高度意識，接連不斷地完成了我們至今從未見識過的作品。一面吸收新的靈感，一面與時俱進的拓展感性，想必川本還蘊藏著許多未知的可能性。

**Exhibition**
**『HIDDEN GARDEN by SATOSHI KAWAMOTO』**
**in (marunouchi) HOUSE LIBRARY**

2014年12月17至12月28日，於新丸大廈7樓的丸之內House「LIBRARY」藝文空間所舉辦的川本 諭聖誕展覽。綠意盎然以「HIDDEN GARDEN」為名的展覽，將空間打造成令人聯想到隱身在都會中的花園。展場中，從各種角度擷取、全方位演出的布置方式展示植物。諸如在桌面大膽地擺設植物、彷彿將空間的一隅劃分為小巧庭院的表現等，是十分有震撼力的展覽。此外，為了紀念《紐約森呼吸·愛上綠意圍繞の創意空間》出版，川本當時也同步舉辦了新書販售會。

○新丸大廈7樓 丸之內House內的「LIBRARY」
東京都千代田區丸之內1-5-1 新丸大廈7F

**《紐約森呼吸．愛上綠意圍繞の創意空間》**
**出版紀念展 in 代官山 蔦屋書店**

為了紀念《紐約森呼吸．愛上綠意圍繞の創意空間》出版，在代官山蔦屋書店的建築設計區，將一整個書架布置為展示區。縱橫交錯、富有立體感的布置，不止書架之內，更以植物在書店中打造了一處異空間。書店內也有販售系列作第一、二冊，以及採訪川本 諭的雜誌等。

○代官山 蔦屋書店
東京都澀谷區猿樂町17-5

**BROWN RICE by NEAL'S YARD REMEDIES**

設有商店、教室、沙龍、餐廳的NEAL'S YARD REMEIES，正是由川本 諭擔任改裝開幕的園藝設計負責人。以創意總監的身分，負責入口和露台的綠意設計。植物交織而成的舒適空氣感，更加凸顯店鋪位於閑靜小巷的氛圍。

○BROWN RICE by NEAL'S YARD REMEIES
東京都澀谷區神宮前5-1-8 1F

## 伊勢丹新宿店 GLOBAL GREEN CAMPAIGN

為伊勢丹新宿店舉辦的「GLOBAL GREEN CAMPAIGN」活動所作的展場設計。以「思考人與自然的舒適關係」為主題，推廣融入自然的新生活風格。以植物裝飾廢棄桌椅，演繹與再生資源共同生活的社會關懷日常。

○伊勢丹新宿店
東京都新宿區新宿3-14-1

## Taka Ishii Gallery

原本設立於東京清澄白河的藝廊Taka Ishii Gallery，搬遷至北參道時，委託川本負責入口周邊的植栽設計。以白色為基調的洗練空間中，加入彷彿野生叢林般的植栽，如此帶有反差感的設計很是新鮮。同時也讓原本簡約的空間更加亮眼。

○Taka Ishii Gallery
東京都澀谷區千駄ヶ谷3-10-11 B1

### SHARE PARK
### GRAND TREE武藏小杉店

品味高雅、質感良好的都會休閒風複合品牌SHARE PARK概念店，在GRAND TREE武藏小杉店開幕時所作的設計——在鐵框的包圍中，如標本般排列的乾燥花。將多餘的部分修剪乾淨，以簡約的樣式呈現洗練的氛圍。

○SHARE PARK GRAND TREE武藏小杉店
神奈川縣川崎市中原區新丸子東3-1135
GRAND TREE武藏小杉2樓

### agete GINZA

為agete GINZA開幕紀念擔任植栽設計。與純白外牆相互輝映的植物，由葉形各不相同的綠植組合而成，是能令人感受到女性氣質與內斂性格的設計。店內的古典風的木地板與家具，恰好與植物形成懷舊氛圍的空間。

○agete 銀座
東京都中央區銀座2-4-5

**united bamboo**
**銀座店**

「united bamboo」銀座店開幕二週年紀念活動。仿自紐約街道設計的店內，以川本流的植物藝術布置。無論是以黑白色系為基調的裝潢、磚瓦紅牆，還是木製陳列架等，都與植物完美的相輔相成。

○united bamboo 銀座店
東京都中央區銀座2-2-14
Marronnier Gate 2F

**THE NORTH FACE STANDARD**
**二子玉川店**

擔任「THE NORTH FACE STANDARD二子玉川店」開幕紀念的植栽設計。考量二子玉川的街區特色，以及THE NORTH FACE STANDARD的品牌概念——使顧客在都市中也能享受戶外風格的裝扮。於是特意打造出與街區相襯的野趣綠植風格。

○THE NORTH FACE STANDARD
二子玉川店
東京都世田谷區玉川1-17-9

**TODD SNYDER TOWNHOUSE 裝飾藝術**

以美式古典風格為原點，結合正裝和街頭風兩種相異元素，搭配出現代紳士服飾的紐約品牌「TODD SNYDER」，其概念店TODD SNYDER TOWNHOUSE的室內裝飾藝術負責人正是川本 諭。

○TODD SNYDER TOWNHOUSE　東京都澀谷區神宮前6-18-14

## MR PORTER裝飾藝術

男性購物網站「MR PORTER」位於紐約的門市，與日本品牌（BEAMS PLUS、BEAMS T、NEIGHBORHOOD、REMI RELIEF、blackmeans）推出聯名合作的限定迷你系列時，由川本 諭負責門市裝飾藝術。使用樹木、蕨類等風格強烈的粗獷植物，完成與服飾融為一體的設計。

○MR PORTER
https://www.mrporter.com

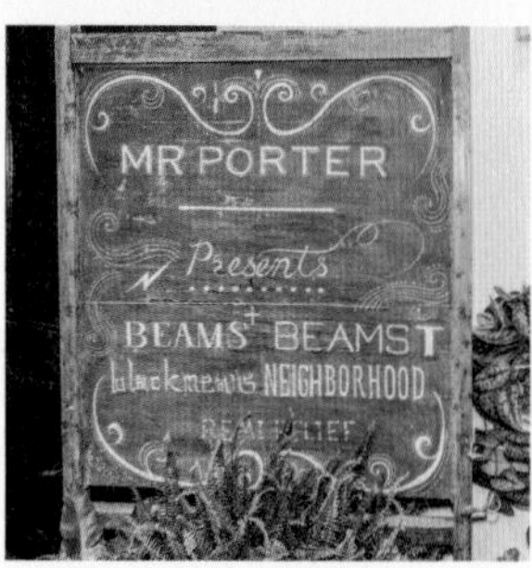


Photographed by Stephanie Eichman

Photographed by Satoshi Kawamoto

## HUNTING WORLD聯名設計包

HUNTING WORLD與川本 諭的聯名設計款。川本以「自己想擁有的HUNTING WORLD包包」為概念，投入聯名設計。在高級皮革的袋身上施作民族風圖案，完成十分適合休閒風格的設計。

○HUNTING WORLD

Photographed by Amanda Vincelli

**RARE WEAVES展覽會**

「RARE WEAVES」的品牌設計師Hartley Goldstein與川本 諭共同呈現的展覽會。會場內也展覽了「GENTRY」時尚服飾造型師Justin Dean、攝影師Mikael Kennedy共同攝影的作品。

○RARE WEAVES　http://rareweaves.com

Photographed by Paul Barbera of Wheretheycreate.com

**Underground Dining：SOSHARU 裝飾藝術**

介紹熱門景點的線上資料庫「Melting Butter」，與社交網站起家的「Sosh」聯手舉辦品味現代日本食物、飲料、設計、音樂、文化等的午餐會。會場的裝飾設計以和風元素相互交織，打造出使料理更加美麗迷人的布置。

○Melting Butter　http://www.meltingbutter.com
○Sosh　http://sosh.com

### GREEN FINGERS × Larose Paris 聯名合作

來自巴黎的衣帽服飾品牌「Larose Paris」和「GREEN FINGERS」聯名合作。除了棒球帽、五分割帽之外，也設計了白色和綠色的紳士帽等，共三種類型、六種樣式的帽子。照片是紐約時裝週時，舉辦發表會派對的陳設。

○Larose Paris
https://laroseparis.com

Photographed by Wataru Shimosato

### Madewell 2016AW 裝飾藝術

身為「J.Crew」的姊妹品牌，在美國擁有絕佳人氣的時尚服飾「Madewell」，於2016年舉辦的autumn／winter新品發表會，由川本 諭擔任裝飾藝術負責人。雖然尚未進駐日本，但高雅、悠閒，不一味跟隨流行的設計，仍然廣受矚目。

○Madewell
486 Broadway NY, 10013 USA

Photographed by Naoko Takagi

COLUMN 2

# STYLING OF GF HOTEL

## 關於GF HOTEL

川本 諭在紐約的新嘗試之一，就是設計「GF HOTEL」。目前的計畫，是將新租來的公寓房間自由布置，視同作品來展示。藉由設計一間公寓房，表現自我的世界觀。似乎要以此經驗為基礎，預計向更多不同的領域挑戰。

### 作品「GF HOTEL」

這間房子是自己負責布置，作為作品展示的公寓房。雖然除了作為布置的展示場之外不作他用，但朋友來紐約玩時也曾借住過幾晚。完成的布置不止是藝術品，也包含著能夠生活在其中的意義；來參觀的人、實際住過的友人，都給予很高的評價。在《紐約森呼吸．愛上綠意圍繞の創意空間》中登場，目前居住中，有著芥末黃牆壁的屋子，希望有一天也能像這間公寓一樣，變成展演的場地。所以，我正在考慮要不要搬新家呢！開玩笑的（笑）。我啊，因為想要一個能經常展現新風格的場地，所以打算開始找房子……將來，不止日本、紐約，還想跨足設立到各個國家拜訪時，都會想住的飯店。舉例來說，若是能夠設計一整棟的公寓就太棒了。除了全部重新布置住宿客房的裝潢，若要說有其他要求，就是不光只有客房，還要擺一台租賃自行車、一樓改裝成咖啡廳和雜貨店，可以在咖啡廳邊喝茶邊欣賞植物及古董小物，帶著豐富的心情悠閒過生活。希望有一天，可以親手完整規劃這樣的空間。

以鈷藍色主牆令人印象深刻的寢室，灑落明亮陽光的大型窗戶，是令人矚目的特色。角落放置了高大的盆栽，窗邊和桌上則擺放著小型植栽，讓房間整體層次分明。

隨興自然地放上一棵空氣鳳梨，原本形象冷清的房間一下子就變得趣味盎然。浴室以紐約地圖的浴簾，營造大眾時尚風格。

牆上的手繪塗鴉，是以黑板漆刷出作畫空間，再寫上歡迎友人光臨的訊息。

餐廳掛著手繪GF HOTEL字樣的畫作，處處充滿了藝術元素。十分推薦在一定高度的收納櫃上方，擺放一盆往下垂落的觀葉植物，表現生動感。

GREEN FING

ERS
COFFE

*Contents 4*

# THE SHOPS in JAPAN & NEW YORK

### 關於日本＆紐約的分店

在前作登場過的GREEN FINGERS三軒茶屋店、GREEN FINGERS NEW YORK兩家店，如今皆有新變化。三軒茶屋店增加了「COFFEE＆BIKE」的元素，紐約店則以「GREEN FINGERS MARKET」為名重新開幕。加上融入紐約元素的「GREEN FINGERS MARKET YOKOHAMA」新開幕，接下來將重新介紹，這些更加著重時尚生活風格及植物布置的店舖。藉由經營門市及品牌合作等歷練，眾多期待與目光正聚焦於年年進化的川本風趨勢品味。

---

## GF COFFEE & BIKE

以川本 諭在紐約感受到的文化為基礎，除了植物和懷舊室內裝潢外，也加入了咖啡吧和自行車改裝區，翻新成更加貼近時尚生活風格的店舖。

○GF COFFEE＆BIKE
東京都世田谷區三軒茶屋1-13-5 1F
一～五 8：00-18：00
六日假日 12：00-20：00
每週三公休
03-6450-9541

首先，從嘗試各種類的咖啡豆開始，在品質的堅持下，與工作人員共同完成的咖啡。滋味和香氣都依照自己的喜好來沖煮，挑選低酸度、能夠品味到濃郁芳香的咖啡豆。

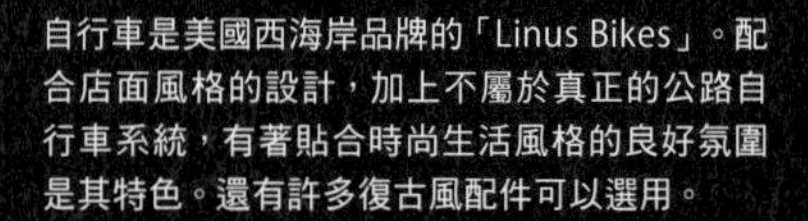
自行車是美國西海岸品牌的「Linus Bikes」。配合店面風格的設計，加上不屬於真正的公路自行車系統，有著貼合時尚生活風格的良好氛圍是其特色。還有許多復古風配件可以選用。

# GREEN FINGERS MARKET

植物、家飾、雜貨、復古風的服飾等，冀望能夠成為邂逅各色物品的場所，以此為意因而取名「MARKET」。「來到這裡，就能找到些什麼」致力於打造成能夠為顧客帶來新發現的店鋪。

## GREEN FINGERS MARKET NEW YORK

在距離以前的GREEN FINGERS NEW YORK約四個街區的地方，重新開幕了GREEN FINGERS MARKET。光是些微的改變了位置，人的流動、氛圍竟變得全然不同。

◎GREEN FINGERS MARKET NEW YORK
5 Rivington Street, New York, NY 10002 USA
一～六 12：00-20：00
日 11：00-19：00
+1（646）964 4420

目標是成為前去參加派對、約會等各種場合之際，都能夠輕鬆前往、購買喜愛商品的店鋪。以無論何時光臨都令人欣喜的齊全品項和展示，期望到訪的來客能感受到新鮮與驚喜。

相當寬廣的後院正是令川本喜愛的地點。決定新店面的條件之一，就是要有庭院。這裡是和服飾品牌「Maison Kitsué」共同使用的地方，不過庭院是全權由GREEN FINGERS負責施工。

BAGSINPROGRESS的包包、LARRY SMITH的珠寶首飾等，集結了許多高品質的商品，也是這家店的魅力之一。

為了植物而光臨的人，可以遇見品質優良的復古風服飾；為了看家飾而光臨的人，可以同時挑選適合搭配的植物。由這家店所延伸的各種美麗邂逅，正在這裡等待著大家。

復古風服飾的挑選，交由FOREMOST的老闆根本先生、John Gluckow，以及幾位世界有名的業者負責。因此，為了品牌而來的顧客也很多。也經常有人注意到放在店內的植物，進而產生興趣。

## GREEN FINGERS MARKET YOKOHAMA

以紐約公寓為概念設計而成，植物與裝潢融合的店內空間，寬廣舒適。讓顧客可以沉浸在復古風家具、小物與植物相互映襯的世界中，享受購物的樂趣。

○GREEN FINGERS MARKET YOKOHAMA
神奈川縣橫濱市西區南幸2-15-13 橫濱Vivre 1F
11：00-21：00　045-314-2580

客廳區以彩旗、漂流木星星，與SECOND LAB的踏墊作為裝飾亮點。

仿造的臥室區，以橄欖綠打造沉穩印象。大膽放置大型觀葉植物來布置空間。衣帽間漆成內斂的灰藍色，植物則隨興地擺上幾盆盆栽。

浴室有著放滿保養品的區域。以雅致的鐵灰色牆面搭配磁磚地板，醞釀出宛如國外的氣氛。

店內隨處可見的品味家具。除了燈具和桌椅之外，木箱等小道具也很豐富。裝飾其中的植物，只要在餐桌擺上玻璃的瓶中綠植，就能點綴出藝術感。

除了家飾類商品，其他品項如男士的修容用具、保養品等，到高品質的復古風服飾等均有，是一個能規畫整體時尚生活風格的空間。

時尚生活風格中不可或缺的角色——自行車，以架高層疊的方式來展示，作為展現風格的布置參考。

適合當作禮物的小型多肉植物、乾燥花花束等花草商品也令人矚目。顧客可以搭配購買的小物或家具，思考如何融入植栽，是一處讓想像無限擴大的商店。

INTERVIEW

# ABOUT THE SHOPS

三家店舖成形的歷程，以及未來展望。

關於「GF COFFEE＆BIKE」，是我在紐約生活時，深刻感受到咖啡、自行車和生活的密切關係，這對我來說是相當有意義的事。因此，我的店作為提示時尚生活風格的場所，便希望能夠納入這些元素。我雖然常常邊散步邊嘗試各種咖啡，但每天去咖啡店，買些小點心……這樣的感覺要在日本生根發芽，似乎還需要一點時間。自行車是美國西海岸一個名為Linus Bikes的品牌。雖然是貼近時尚生活風格的設計，但我感覺它和我的店也非常契合。還有，我也會將老舊的競技自行車車體組合起來，或加上復古風的配件。BROOKS的皮製坐墊等配件也十分講究。自從設置咖啡吧和自行車後，一直得到不錯的反應。不止是植物和裝潢擺飾，我希望融入自己有興趣的事物，使店鋪更有深度。

「GREEN FINGERS MARKET NEW YORK」是從植物到復古風服飾等各種商品都有的「市集」。抱持著想給顧客驚喜的心情，希望顧客能從這家店得到許多想法，因此集結了多種領域的商品。「我喜歡衣服，只想把錢花在衣服上」、「對住的地方不怎麼在意」、「只把錢花在食物上」等，有這些想法的人意外地很多，但我希望能傳達出，多些興趣在整體的生活風格上會更有趣的信念。因為自己在經營這種風格的店，所以如果能增加對其他事物有興趣的顧客，我會感到很開心。之後，也想在紐約店經營咖啡吧呢！若是設置了咖啡吧，便想要能夠在店內或後院悠閒喝咖啡的空間。因為我會定期變換店內的商品和陳列，之後店面也會再進化。和以前的店比起來，增加了一些單純的趣味，店面漸漸變身為一個嶄新的空間。

「GREEN FINGERS MARKET YOKOHAMA」作為GREEN FINGERS MARKET NEW YORK的日本一號店，我想將它打造成充滿時尚生活風格商品的店。經營概念和紐約店一樣，店內集結了許多有趣的元素。若是GREEN FINGERS MARKET在日本開店，會是什麼樣的店？我以此為構想，打造出一家很有意思的店。不止植物，還有家飾小物、復古風物品、男性修容用品及各種講究的商品。如果在日本獲得的評價不錯，之後也考慮開設路面店。將一棟如同大型住家的建築物作為店面，且裡面一定要有庭院。可以喝咖啡、吃剛出爐的麵包、買家飾和衣服，這樣的店面非常理想呢！為了有朝一日能夠實現願望，我會再繼續揣摩構想。

## 現今的所思所想

川本 諭在東京和紐約兩地設點，往返於兩大都市的生活已過了兩年以上。其中，歷經店面重新開幕、在La Foret原宿舉辦大型展覽、於其他城市開設分店等，他周圍的環境直至今日也持續著相當大的變化。經手新的領域，不滿足於現狀的高度意識，以及不斷吸收各種新知的旺盛好奇心，或許這些都是他的原動力。今後，川本 諭將透過他的雙手傳達什麼樣的概念呢？我們訪問了他目前的感想，以及正在描繪的未來構想。

「對於至今為止從未注意過GREEN FINGERS的人們，該怎麼引起他們的注意呢？
我想創造一個契機，使他們看到我正在表現的事物，並且能夠感到『很有趣』。」

**創作出來買流行雜誌的人
也會想購買的園藝書籍。**

與製作系列作第一冊《人氣園藝師打造の綠意&野趣交織の創意生活空間》時相比，我周圍的環境有了劇烈的變化。第二冊著作《紐約森呼吸》出版後，雖然工作增加了不少，不過在日本、紐約的分店重新開幕後，來自國內外的工作更是大增，讓GREEN FINGERS的知名度也提升了。第一、二冊著作都有出版外文版，這點也大有影響。
書店裡，不止來看園藝書籍的人會購買，似乎也有很多來買流行雜誌的人對這本書有興趣，好奇「原來有這樣的書呀？」閱讀了至今出版過的《Deco Room with Plants》系列作之後，有人會回饋我「受到衝擊了」等感想。此外，還有人會來看我的IG。看到參考我的書，用植物來布置家裡的讀者們，我想或許我也從他們身上受到了一些影響。想努力的心情又更加強烈了呢！
今年春天預計在東京開個展，而且是至今從未舉辦過的類型。我的計畫是在展現新表現方法的同時，也能為至今從未留意過我作品的人們，創造一個令他們感到有趣的契機。

**不怕失敗，對於感到現在非抓住不可的機會，絕對接受挑戰。**

除了登上《紐約時報》旗下的T Magazine雜誌，也為《GQ》、《DETALS》、《PAPERMAG》、NY Art Book Fair設計裝飾藝術，與海外大型品牌聯名合作等，和紐約的合作夥伴聊起時，他們曾說過「你動作真是快到嚇人耶！」，說根本沒有

人來紐約半年就開店的。我經常在思考一件事，今後在創作作品的同時，無論半年後也好、一年後也好，要是能打造出可以讓自己永遠保持在最佳狀態的環境就好了。我希望可以作出當下最佳的表現。總是抱著不斷追求更好的態度，我想這也是自己的優點吧！

有想作的事情時，最重要的是，要有總之先試試看的想法，我不太會去想失敗之後的結果。只要覺得這個機會現在非抓住不可，我就絕對會去作。有問題的話，到時候再想怎麼辦就好了……說不定我不太適合當經營者呢（笑）。今後我也要以創作者的身分，盡情去作想作的事！

**透過GREEN FINGERS MARKET重新開幕而注意到的事。**

作為一種作品展示，最近在思考紐約的GREEN FINGERS MARKET構想時，「想快點呈現在大家眼前！」的心情越來越強烈。作為至今未曾嘗試過的新形態商店，只能不斷嘗試錯誤再修正調整。

新店面的位置，不知道該說是命運還是什麼，真的是選到一個非常好的地方。原本是藝廊的地方竟然空下來了。在找到這裡之前，不斷找了很久卻都沒有好地點，實在很傷腦筋。我一邊尋訪各式店面，一邊隨意在路上散步，偶然看到這裡貼了空屋出租的告示。就位置上來說，店面前方就是Freemans、人氣冰淇淋店Morgenstern's Finest Ice Cream的街道，我認為是非常好的地方，便租了下來。前陣子我在看第二冊著作《紐約森呼吸》時，也忍不住驚訝

「我認為自己必須比一般人傳達更多新的事物。
知識與美感是沒有盡頭的，即使我成了老爺爺，也希望一生都保有學習的心。」

「我那時候在東村啊！」在那裡的店雖然也不錯，不過一想到現在位於下東城的店，就覺得有好好地進步。店鋪成為目前的型態後，對這家店的部分商品有興趣而來的客人，若是在店內又對別的商品感到興趣，對我來說就是件非常令人開心的事。此外，評價也非常好，還有客人說「你作的事真是有趣。」我不但實際感受到想作的事有傳達出去，也感覺到隨著時間經過，環境也變得越來越好。與不同人士間的共識增加，生活圈不斷擴大的同時，店鋪及自己本身也能更加成長不是嗎？

2015年10月，「GREEN FINGERS MARKET YOKOHAMA」作為GREEN FINGERS MARKET NEW YORK的日本一號店開幕，因為這家店的評價也很高，讓我不禁開始考慮，實現腦中所描繪的未來店鋪。

**以獨特的自創方法，提出運用植物打造通往生活風格的道路。**

現在，與其說和我職業相似的人逐漸在增加，不如說能夠將植物擺放出品味的植物店越來越多。不過就我而言，是想要以不斷提出嶄新時尚生活風格的模式，為顧客激發靈感、創作作品，例如如何將植物融入居家布置中、試著將不同的東西搭配起來等。雖然我也很重視在個展充分表現出自己的世界這件事，不過，我想嘗試更多面向客戶的工作，或是製作為了某種目的創作的作品等，像這樣與異業人士共同合作的工作。1+1不是等於2，我想嘗試讓它變成100。

人生只有一次，如果能讓更多人看到自己的創作，真的是很開心呢！看

了我的作品，如果能夠覺得我的風格也不錯，那就太好了。不必勉強，只要能思考這些東西與自己搭配起來怎麼樣，抓住好的地方來模仿，隨興輕鬆就好了。

**作為造物及空間創作者，**
**要時常保持吸收新知的意識。**

我希望我的生涯能不斷進化。不斷地展現新思考，心裡總有著不要停下腳步的心情。我認為無論到何時都要持續學習，加上腦海中的東西會在不知不覺間遺忘，要能創作新事物或空間，就必須不斷重複吸收知識。期望在重複吸收的同時，自己能成為感受到「與一年前相比，現在的自己所創作的作品，真的是非常棒呢！」的人。因此，我不止打造店面和空間，也想參與各種展演，想嘗試設計時尚服飾，持續擴大挑戰的領域。舉例來說，如果有一家不斷變化創新的餐廳，就可以從客層等資訊找出更多適合經營的模式，讓餐廳變得更好。我不想成為只有植物這個形象的人。畢竟我並不是單純的園藝師，所以想成為誰都無法模仿的人呢！想讓川本 論這個名字成為一種職業代表。雖然商品和店鋪都有人模仿，成為被模仿的一方雖然感到喜悅，但也體認到自己必須再傳達更新的創意。

必須一直保持新感覺，這種心情可以說到第三冊著作也是一樣。我認為一味褒獎自己，覺得「自己已經很厲害」是無法成長的，即使我成了老爺爺，也希望能一輩子持續學習下去。如果沒有持續進步，一個人也會逐漸失去魅力。

關於GREEN FINGERS

FORQUE of hand works

GREEN FINGERS MARKET
PLANT & SUPPLY by GREEN FINGERS
The STUDIO by GREEN FINGERS

本單元將介紹風格迥異的9間日本分店和設立於紐約的店鋪。日本國內的旗艦店三軒茶屋店，新增設了咖啡吧與自行車的展示及販售。紐約店則是以搬家為契機，挑戰市集模式的嶄新概念，不止販售植物和雜貨，也提供享受時尚生活風格的方法。總是以優質商品為目標，持續變化的GREEN FINGERS，請務必前往光臨參觀。

# GF COFFEE & BIKE

本店位於三軒茶屋的閑靜住宅區內，身為日本國內的旗艦店，古典家具、雜貨、甚至首飾等品項均相當齊全。另外，能夠見到其他地方難以見到的珍奇植物也是本店的魅力之一。川本 諭從紐約的生活經驗中產生興趣的咖啡吧、都市自行車「Linus Bikes」的展示、銷售，也於今年開始進行。拿杯咖啡豐富日常的時尚生活風格靈感等，是每次造訪都能有新發現的空間。

東京都世田谷區三軒茶屋1-13-5 1F
一～五　8：00-18：00
六日國定 12：00-20：00
週三公休
03-6450-9541

# GREEN FINGERS MARKET NEW YORK

2013年開幕，作為GREEN FINGERS第一家海外分店的紐約店，由於川本希望顧客能夠享受集合各種店鋪的市集氛圍，便於2014年重新開張集結多種品牌的GREEN FINGERS MARKET。新據點轉移至洋溢著藝術與文化氣息的曼哈頓鬧街，提供以植物相伴的時尚生活風格新點子。另外，還可透過店內的裝飾等細節布置，作為裝潢、打造空間的參考。

5 Rivington Street, New York, NY 10002 USA
一～六 12：00-20：00
日 11：00-19：00
+1（646）964 4420

# GREEN FINGERS MARKET YOKOHAMA

2015年10月重新於橫濱Vivre內開幕，採取與紐約店相同的複合市集模式。店內特意打造成居家住宅形象的裝潢，讓顧客可以輕鬆想像與植物共同生活的Lifestyle。

神奈川縣橫濱市西區南幸2-15-13 橫濱Vivre 1F
11：00-21：00
045-314-2580

# Botanical GF

距離市中心稍遠，設於氛圍清靜的二子玉川商業大樓Adam et Ropé Village de Biotop 內。店內以居家園藝為主，展示各種尺寸、種類的植物。還有外形珍奇的植栽，店家自行漆色的漂亮盆栽及雜貨等商品。

東京都世田谷區玉川2-21-2 二子玉川rise SC 2F
10：00-21：00
03-5716-1975

# GREEN FINGERS MARKET FUTAKOTAMAGAWA

2015年11月6日，於二子玉川的FREEMANS SPORTING CLUB內開幕。如同紐約、橫濱般市集模式的店內，蒐羅了許多符合FREEMANS SPORTING CLUB風格的男性服飾用品等。

東京都世田谷區玉川3-8-2 玉川高島屋S・C南館Annex 1-2F
10：00-21：00
03-6805-7965

# KNOCK by GREEN FINGERS AOYAMA

入口處宛如家飾店，在這裡能夠發現一些配合空間氛圍來布置植物的方法或創意點子。品項從種類豐富、充滿個性的植物，到男性喜愛的室內植物都有，範圍甚廣。

東京都港區北青山2-12-28 1F ACTUS Aoyama
11：00-20：00
03-5771-3591

## KNOCK by GREEN FINGERS MINATOMIRAI

位於橫濱港未來商業大樓中的ACTUS Minatomirai內。精選性格豐富的植物、澆水壺、雜貨，甚至園藝工具，充實的陣容讓顧客能夠逛得開心。與車站連結的位置相當方便，請務必去逛逛看喔！

神奈川縣橫濱市西區港未來3-5-1
MARK IS 港未來 1F
11：00-20：00（六、日、假日、假日前一天，營業至21:00）
045-650-8781

## PLANT & SUPPLY by GREEN FINGERS

店內備有許多初次栽種植物的新手，也可以輕鬆購入的植物。在這個以原創粉筆藝術妝點的時尚空間，試著感受一下生活中有植物相伴的樂趣吧！

東京都澀谷區神南1-14-5 URBAN RESEARCH 3F
11：00-20：30
03-6455-1971

## KNOCK by GREEN FINGERS TENNOZU

網羅各式妝點生活小物的天王洲店，設於SLOW HOUSE內。入口圍繞著豐富多樣的植物，2樓經營玻璃盆景吧，可自行挑選玻璃容器及植物，創作屬於自己的盆景。

東京都品川區東品川2-1-3 SLOW HOUSE
11：00-20：00
03-5495-9471

## The STUDIO by GREEN FINGERS

這家2015年4月開幕的分店，以職人手作的精緻產品工作室=STUDIO為概念，販售川本 諭以植物為主的藝術作品，以及本人精選的古典雜貨等。

神奈川縣橫濱市中區住吉町 6-78-1 HOTEL EDUT YOKOHAMA 1F
7：00-10：00　11：00-14：30　18：00-23：00
045-680-0238
週日公休（以餐廳營業時間為準）

*Profile*

## 川本 諭 / GREEN FINGERS

運用植物原本的自然美和經年累月變化的魅力，提倡獨特設計風格的園藝師。發揮本身的領導專長，在日本開設九家店鋪並跨海設立紐約分店，除了運用植物素材之外，亦跨足百貨店面的空間布置、室內設計、婚禮品牌FORQUE的設計指導等，以創作指導者身分活躍於各大領域。近年更以獨到的觀點，舉辦表現植物美感的個展和裝置藝術活動，積極開拓豐富植物與人類關係，使兩者更加親近的場域。

# THE GARDEN WAS NOT BUILT IN A DAY

國家圖書館出版品預行編目(CIP)資料

Deco Room with Plants here and there : 美式個性風x綠植栽空間設計 : 人氣園藝師的生活綠藝城市紀行 / 川本諭著 ;
小松原英介攝影 ; 陳妍雯譯.
-- 初版. -- 新北市 : 噴泉文化館出版 : 悅智文化發行, 2017.05
面 ; 公分. -- (自然綠生活 ; 16)
譯自 : Deco Room with Plants here and there : 植物とくらす。部屋に、街に、グリーン インテリア&スタイリング
ISBN 978-986-94692-2-7(平裝)

1.家庭佈置 2.室內設計 3.園藝學

422 106006262

自然綠生活 / 16

Deco Room with Plants here and there

# 美式個性風×綠植栽空間設計
## 人氣園藝師的生活綠藝城市紀行

作　　者／川本 諭
譯　　者／陳妍雯
發 行 人／詹慶和
總 編 輯／蔡麗玲
執行編輯／蔡毓玲
編　　輯／劉蕙寧・黃璟安・陳姿伶
李佳穎・李宛真
執行美編／陳麗娜
美術編輯／周盈汝・韓欣恬
出 版 者／噴泉文化館
發 行 者／悅智文化事業有限公司
郵政劃撥帳號／18225950
地　　址／220 新北市板橋區板新路 206 號 3 樓
電子信箱／elegant.books@msa.hinet.net
電　　話／(02)8952-4078
傳　　真／(02)8952-4084

2017 年 5 月初版一刷　定價 450 元





經銷／高見文化行銷股份有限公司
地址／新北市樹林區佳園路二段 70-1 號
電話／ 0800-055-365　傳真／ (02) 2668-6220

STAFF

作者／川本 諭
攝影／小松原 英介（Moana co.,ltd.）
視覺呈現・插圖／川本 諭
設計・DTP ／中山正成（APRIL FOOL Inc.）
編輯／寺岡 瞳（MOSH books）、松山 知世（BNN, Inc.）
編輯協力／深澤 瞳（SATIE co., ltd.）

Deco Room with Plants *here and there*

Deco
Room
with
Plants
*here and there*

Deco Room with Plants *here and there*

Deco
Room
with
Plants

*here and there*